BEI GRIN MACHT SICH IHR WISSEN BEZAHLT

- Wir veröffentlichen Ihre Hausarbeit,
  Bachelor- und Masterarbeit

- Ihr eigenes eBook und Buch -
  weltweit in allen wichtigen Shops

- Verdienen Sie an jedem Verkauf

Jetzt bei www.GRIN.com hochladen
und kostenlos publizieren

Entwicklung eines Green Building Immobilienprojekts. Idee, Standort und Developmentrechnung

Tobias Schweiger

Bibliografische Information der Deutschen Nationalbibliothek:

Die Deutsche Nationalbibliothek verzeichnet diese Publikation in der Deutschen Nationalbibliografie; detaillierte bibliografische Daten sind im Internet über http://dnb.d-nb.de abrufbar.

ISBN: 9783346849991
Dieses Buch ist auch als E-Book erhältlich.

Fachbereich: Immobilienwirtschaft

schriftl. Präsentationsunterlage

Kurs: Immobilienprojektentwicklung

Immobilienprojekt Green Building

vorgelegt von

Tobias Schweiger

3. Semester

Tag der Einreichung: 01.01.2022

Inhalt

Abbildungsverzeichnis: 1

1. Einleitung: Allgemeines zu Green Buildings 1

2. Idee/ Konzept 2

3. Standort zum Projekt 4

4. Benötigtes Kapital 5

5. Beteiligter Personenkreis 7

6. Developmentrechnung/ Rendite 8

7. Fazit/ Nächste Schritte 10

1. Quellen 12

Abbildungsverzeichnis:

Abbildung 1: Green Building...1

Abbildung 2: Gliederung..2

Abbildung 3: Idee/ Konzept 3

Abbildung 4: Standort 4

Abbildung 5: Karten 6

Abbildung 6: Benötigtes Kapital 6

Abbildung 7: Beteiligter Personenkreis 8

Abbildung 8: Developmentrechnung 9

Abbildung 9: Mietpreise München 10

Abbildung 10: Nächste Schritte 12

1. Einleitung: Allgemeines zu Green Buildings

Anm. der Red.: Diese Abb. wurde aus urheberrechtlichen Gründen entfernt.

Abbildung 1: Green Building (BNP Paribas Real Estate, 2021)

In fast jeder Branche wird in den letzten Jahren verstärkt ein Wandel zur Nachhaltigkeit und Umweltfreundlichkeit angestrebt. Dabei ist es egal ob in der Autoindustrie verstärkt Elektroautos gebaut werden oder zum Beispiel viele Unternehmen versuchen auf Papier zu verzichten oder Hom Office einzuführen. Dieser Wandel ist in der Bevölkerung gerade trennt und wird vermutlich auch erst mal andauern. So befindet sich auch die Immobilienbranche im Wandel. Zukünftige Immobilienprojekte werden verstärkt nachhaltig gebaut, um den aktuellen Vorschriften zu entsprechen und um attraktiver auf der Kunden Seite zu wirken.

Auch für Investoren sind diese eine immer beliebtere Anlage, sodass solche Projekte immer angesehener werden. Ein wichtiger Bestandteil eines Nachhaltigen Gebäudes spielt hierbei ein Zertifikat, was dies bestätigt. Somit wird natürlich versucht dies zu erlangen. Bereits 2016 belief sich der Anteil des Transaktionsvolumens auf 7,4 Milliarden Euro und hatte einen Anteil an über 20 Prozent aller Immobilien in Deutschland.[1] Im Jahr 2020 waren es bereits über 8,4 Milliarden Euro an Investitionen in Deutschland und weltweit sogar 611 Milliarden Euro. In diesem Tempo wird sich das Volumen bis 2030 verdreifachen, wodurch es für zukünftige Immobilien Projekte nötig ist, ebenfalls nachhaltig zu planen und zu bauen, um Investoren und auch Kunden weiter zu überzeugen. Ein solches nachhaltiges Gebäude zeichnet sich vor allem durch seine nachhaltigen Ressourcen und Bauweise aus, was ebenfalls bei einem möglichen Abriss noch umweltfreundlich bleiben muss.[2]

Um überhaupt ein Zertifikat für Nachhaltigkeit auf seine Immobilie zu erhalten, müssen dementsprechende Kriterien berücksichtigt und so durch bestimmte Institutionen genehmigt werden. Das wohl bekannteste in Deutschland, ist hierbei die DGNB. Seit 2008 vergibt diese das Siegel basierend auf 48 verschiedenen Kriterien und gibt so Anforderungen zum Bau eines Gebäudes, welche höher sind als der Standard der meisten Immobilien. Dabei hat die DNGB mit über 60 Prozent den weitaus größten

---

[1] Vgl. Vornholz, Günther, 2017, S. 224 ff.
[2] Vgl. Breitkopf, 2021.

Marktanteil und vergibt die meisten Zertifikate. Aber nicht nur Ressourcen und Bauweise machen eine nachhaltige Immobilie aus. Auch Standort und Soziale Faktoren spielen eine Rolle. Hierbei handelt es sich auch um ein Green Building, wenn die Umgebung Flächeneffizienz genutzt wird und Möglichkeiten bietet wie schnelle Erreichbarkeit durch Bus und Bahn oder Einrichtungen, wie Supermärkte und beispielsweise Fitnessstudios. Auch eine ruhige Umgebung und wenig Verkehr, sowie gleichzeitig ein gutes Image und Wachstum spielen eine Rolle. Zusammenfassend sollen sich Menschen in dieser Art der Immobilie auch wohl fühlen um den heutigen Anforderungen gerecht zu werden.[3]

Anm. der Red.: Diese Abb. wurde aus urheberrechtlichen Gründen entfernt.

Abbildung 2: Gliederung (Eco Building Forum, 2018)

Diese Arbeit beschäftigt sich mit einem vergleichbaren Immobilienprojekt, welches die Anforderungen eines Green Buildings entspricht und eine qualitativ hochwertige Lebensweise bietet. Dabei wird auf Schritte wie die Idee, der Standort und auch die Developmentrechnung eingegangen. Zum Schluss gibt es noch ein Fazit mit Ausblick auf die folgenden Schritte der Umsetzung.

2. Idee/ Konzept

Green Building
- Grüne Fassade
- Bepflanztes Dach
- Vermehrt Pflanzen (Bäume, Sträucher)

Größe:
- 4 Stockwerke
- 70m² Pro Wohnung
- 3 Wohnungen pro Stockwerk
- Tiefgarage mit 12 Stellplätzen
- Ladestationen

Nutzung:
- Vermietung als Wohnraum

Abbildung 3: Idee/ Konzept

---

[3] Vgl. Vornholz, Günther, 2017, S.2019 ff.

Um ein Immobilienprojekt zu starten gilt es bestimmte Faktoren zu erfüllen. Dabei handelt es sich um drei wesentliche, wobei es hier die Idee, Standort und die Finanzierung sind. Mindestens ein Kriterium muss erfüllt sein um das Projekt zu starten. An dieser Stelle wird mit der Idee begonnen. Bei diesem Immobilienprojekt soll es sich um ein Mehrfamilienhaus handeln, mit Wohnungen zum Vermieten. Das Projekt bleibt dabei in Hand des Immobilien Unternehmens und wird auch von diesem zur Vermietung freigegeben und nicht verkauft. Hierbei soll das Gebäude aus vier Stockwerken bestehen, wobei jedes davon einen Flur mit ungefähr Zehn Quadratmetern und 3 Wohnungen mit jeweils 70 Quadratmetern beherbergt. Die Wohnungen sind dabei mit jeweils einem Bad, Wohnzimmer, Balkon, Küche, und zwei Schlafzimmern ausgestattet. Die Besonderheit hier soll sein, dass der Balkon vermehrt mit Pflanzen bepflanzt wird. Diese sollen in Form von Sträuchern, aber auch durch bestimmte Rankenpflanzen die Fassade herunter wachsen. Dadurch ergeben sich viele Vorteile. Dazu gehört ein Lärmschutz, aber auch eine gute Quelle für Schatten. Dieser ermöglicht es auch, dass die Wände bis zu Zehn Grad kühler bleiben und nicht so stark im Sommer erhitzt werden. Hinzu kommt eine bessere Luft und natürlich der Faktor, dass ein solch bepflanztes Gebäude die zuvor genannten Nachhaltigkeit Konzepte erfüllen. Außerdem wird auch auf sozialer Ebene das Wohlfühlverhalten gestärkt und das Umgebungs Bild verbessert. Anders als bei bekannten Gebäuden, wie dem Bosco Verticale in Italien wird hier nicht so weit gegangen, dass Balkone mit Bäumen bepflanzt werden, sodass Kosten eingespart und Risiken wie herabfallende Äste minimiert werden. Angelehnt ist dieses Konzept dann mehr an das Geplante Gebäude im Arabellapark, wie auf dem Bild zu erkennen. Weiterhin hilft es natürlich dem Klima und der Natur und kann sogar Probleme lösen, wie die Hitze minimieren, die sich beispielsweise in unbepflanzten Gegenden in der Innenstadt Münchens ergibt.[4]

Zum Gebäude kommt noch eine Tiefgarage mit insgesamt 12 Stellplätzen hinzu, wobei hier ebenfalls mit Elektro Ladestellen gesorgt wird, dass auch Elektro Autos geladen werden können. Der Außenbereich des Gebäudes wird wie bereits beschrieben mit Rankenpflanzen an der Fassade gekennzeichnet sein und zudem noch mit einem grünen Dach. Dieses ergibt sich aus einer Gras Fläche, sowie weiteren Büschen und Sträuchern, wie es bereits auf mehreren Gebäuden in München zu sehen ist. Um das Gebäude herum werden dazu natürlich auch einige Bäume gepflanzt um das Landschafsbild an die Immobilie anzupassen. Das Konzept ist hier klar. Die Wohnungen sollen dazu

---

[4] Vgl. Krass, 2019.

dienen nicht nur Nachhaltig zu funktionieren, sondern auch das Wohlfühlverhalten zu steigern. Typisch für ein solches Gebäude sollen Elektro Ladestellen und bepflanzte Fassaden zu einem umweltfreundlichen Projekt verhelfen. Dies dient nicht nur zur Einhaltung der Anforderungen zu einem Zertifikat, sondern in den nächsten Schritten somit auch zu einer leichteren Finanzierung, da es das Ansehen bei Investoren erhöht.

3. Standort zum Projekt

Anm. der Red.: Diese Abb. wurde aus urheberrechtlichen Gründen entfernt.

Abbildung 4: Standort (Immoanleger, 2021)

Der Standort soll sich im Gegensatz zum geplanten Objekt im Arabellapark nicht in der Innenstadt befinden, jedoch trotzdem in der Region München in einem der Vororte. Um die Lage zu verbessern, soll dieser Standort hier eine Anbindung zur Sahn, aber auch Busen haben. Eine gute Infrastruktur spielt aber auch bei den Straßen eine Rolle, sodass Problemlos in innerhalb von 15 Minuten die Innenstadt erreicht werden kann. Die Umgebung sollte ebenfalls ein gutes Image und Wachstum besitzen, sodass ein Wert Verlust auszuschließen ist und ein Wert Wachstum gesichert werden kann. Um auch Familien, welche die Immobilie mieten könnten, ein optimales Umfeld zu schaffen, wird ein Standort mit relativ nahen Schulen und Kindergärten gesucht. Ein Supermarkt, sowie andere Einrichtungen wie eins Fitnessstudios oder verschiedene Restaurants sollte auch nicht fehlen. Zu Fuß sollten die wichtigsten Punkte wie der Supermarkt oder die Sahn ebenfalls erreichbar sein. Auch wenn die Mieten in München bekannterweise hoch sind, soll durch einen Vorort diese trotzdem noch in einem bezahlbaren Rahmen gehalten werden. Der Standort muss für ein solches Immobilien Projekt natürlich bestimmte Voraussetzungen erfüllen. Zuerst wird ein leeres Grundstück benötigt, da hier nicht erst ein altes Gebäude entfernt werden soll. Weiterhin muss genügend Platz gewährleistet sein, damit die Bepflanzung funktionieren kann und nicht eine Aneinanderreihung an Gebäuden entsteht. Zudem sollte diese nicht in der Nähe von Industrie sein, sondern an andere Wohnviertel hinzugefügt werden. Bei dem Grundstück sollte es sich zudem schon um Baugrund handeln, im besten Fall um eine Baulücke, sodass Komplikationen beim Antrag vermieden werden und gleichzeitig der Aspekt einer nachhaltigen Immobilie eingehalten wird, indem die Fläche effizient genutzt werden kann.

Zusammenfassend sollen so die gesuchten Faktoren bei der Standort Analyse gewährleistet werden. Beispielsweise handelt sich beim Makro Standort um eine gute Verkehrsanbindung, mit gutem Image und Freizeitangebot, sowie Wachstum durch die hohe Nachfrage der Lage. Zudem werden Entfernungen zu Bus und Stadt beim Mikrostandort klein gehalten und eine sichere Nachbarschaft geschaffen. Aufgrund der Größe der Stadt München, gibt es natürlich auch viele Standorte. Um die Verkehrsanbindung und die Wohngegend mit viel Angebot einhalten zu können, würde die Region um Trudering im Südosten Münchens eine Möglichkeit bieten.

Im Nachfolgenden Bild sieht man dazu einen Bebauungsplan der Region zwischen Trudering und Gronsdorf. Das Gebiet liegt nah an der Sahn und ist momentan schon zum Großteil ein Bebauungsgebiet, da dort vermehrt auf den freien Wiesen vier bis fünf Stöckige Mehrfamilienhäuser gebaut werden.

Anm. der Red.: Diese Abb. wurde aus urheberrechtlichen Gründen entfernt.

Abbildung 5: Karten (Geoportal, 2021)

Das blau eingekreiste Gebiet zeigt hier ein Beispiel eines neu gebauten Wohnkomplexes. Gleich daneben könnte im Rot umkreisten Grundstück das hier geplante Immobilien Projekt entstehen. Es bietet genug Platz und erfüllt alle Voraussetzungen, welche das Projekt anstrebt. Obwohl es noch relativ ländlich ist, kann durch die hervorragende Infrastruktur schnell die Innenstadt erreicht werden und bietet trotzdem genug Platz, sodass nicht zu viel Verkehr in der Region vorhanden ist und man noch etwas Natur um sich hat. Durch die neuen Wohngebäude die dort entstehen, kann dieses Projekt gut angeknüpft werden und passt gut in das Bild der Gegend. Aufgrund der grün markierten Fläche handelt es sich jedoch noch nicht um ein durch Rechtskraft erlaubtes Baugebiet, jedoch könnte dies durch einen Antrag geändert werden.

4. Benötigtes Kapital

Baukosten
Grundstück	=	1.800.000	€	Grundstücksfläche =300qm	Wert: 6000€ pro qm
Baukosten (ohne Finanzierungskosten)	=	2.200.000	€		
Finanzierung in der Bauzeit		4.000.000	€)		
Finanzierungskosten 3%	=		€		
Finanzierungskosten 2,0 Jahre	=	240.000	€		
Summe Baukosten			=	**4.240.000**	€

Um solch ein Projekt zu ermöglichen, ist natürlich eine Menge Geld nötig. In diesem Fall werden bestimmte weitere Akteure in das Immobilien Projekt hineingezogen, welche später noch genauer erläutert werden. Dabei ergibt sich ein bestimmter Betrag, welcher in diesem Fall durch eine schnelle Bauträgerkalkulation zustande gekommen ist.

Zu den Komponenten gehört natürlich in erster Linie das Grundstück, welches nun nach Auswahl gekauft werden muss. Dazu zählen auch die Baukosten des Gebäudes und die damit verbundenen Finanzierungskosten, welche durch die Aufnahme des Kredites entstehen. Damit der Betrag nicht zu hoch ausfällt, wird eine Rückzahlung auf zwei Jahre berechnet um letztendlich eine gute Rendite bei der Vermietung zu erzielen. Da es sich um eine aufstrebende Umgebung handelt und viele Wohngebäude errichtet werden, liegt der Wert des Grundstücks pro Quadratmeter relativ hoch für einen noch ländlichen Vorort. Gerechnet wird hierbei mit 6.000€ pro Quadratmeter, wodurch sich bei 300 Quadratmetern ein Kaufpreis von 1.800.000€ für das Grundstück ergibt. Nachdem sich das Grundstück berechnet hat, geht es weiter mit den Baukosten. Diese ergeben sich aus einer Nutzfläche von 840 Quadratmetern multipliziert mit einem Wert von 2.500€, welcher hier pro Quadratmeter angegeben wird. Letztendlich wären das zusammen 4.000.000€ an Kosten, welche in der Bauzeit entstehen. Dieses Kapital wird beim Antrag des Kredits benötigt. Für das Immobilien Projekt müssen allerdings noch weitere Gelder einberechnet werden, da sich wie bereits erwähnt noch Finanzierungskosten über die Rückzahlung ergeben. Diese betragen hier drei Prozent im Jahr, wobei nach zwei Jahren Kosten von 240.000€ entstehen. Diese sind ebenfalls mit ein zu planen, damit letztendlich genau ermittelt werden kann, wie hoch die Miete für die Wohnungen und die Garagen Stellplätz ausfallen muss, um eine gute Rendite zu erzielen. Diese wird im späteren Verlauf noch genauer erläutert.

Zusammenfassend ergeben sich nun 4.240.000€, welche für das gesamte Projekt einberechnet werden sollen. Das Grundstück, auf welchem das Gebäude stehen könnte, ist im gesamten natürlich größer als 300 Quadratmeter, jedoch soll hier im ersten Schritt nur für diesen Bereich gerechnet werden, da das Gebäude nicht größer sein soll. In weiteren Projekten kann das Grundstück selbstverständlich noch effizient ausgenutzt werden.

5. Beteiligter Personenkreis

Abbildung 7: Beteiligter Personenkreis „eigene Darstellung"

Wenn nun die Idee, der Standort und das Kapital feststehen, kann das Projekt starten. Dabei wirken natürlich viele Personen mit. Dazu zählen nicht nur der Planer und Leiter des Projekts, welche die Idee aufgestellt haben und das Projekt voranbringen, sondern auch eine Vielzahl an externen Personen. Diese sind wichtig und gut auszuwählen, da sie viel Geld in Anspruch nehmen können und sich letztendlich mehr oder weniger stark auf den Erfolg des Projekts auswirken. Dieses Team gilt es zusammenzustellen. Aufgrund der architektonischen und technischen, sowie Markt Anforderungen müssen viele Externe Beteiligte aus den unterschiedlichsten Bereichen hinzugezogen werden. Dazu zählen hierbei in erster Linie natürlich der Architekt und das Bauunternehmen, welche großen Einfluss auf die Entwicklung haben, da durch diese das hauptsächliche Gebäude entsteht. Aber auch wirtschaftliche und rechtliche Faktoren spielen eine Rolle, wobei hier wahrscheinlich auch ein Anwalt hinzugezogen werden muss. Es gilt beispielsweise einen Antrag für die Bauunternehmen auf diesem Standort zu stellen, wobei juristische Personen häufig von Nöten sind. Aber natürlich muss auch wie bereits erwähnt das Kapital zu Stande kommen. Da bei diesem Projekt kein Kapital aus eigener Hand hervorgebracht werden kann, muss dies durch Akteure wie Finanzgeber erbracht werden. Diese bilden beispielsweise private Investoren oder auch Banken, an welche dann auch Zinsen gezahlt werden müssen. Um das Grundstück zu kaufen wird natürlich auch der Grundstückseigentümer in die Projekt Entwicklung mit eingezogen, da mit diesem über den Preis verhandelt wird und er am Ende dem Verkauf zustimmen muss. Beim Kauf, aber auch beim Bau der Immobilie kommt man nie um die öffentliche Hand herum. Immer müssen Anträge gestellt werden um bauen zu dürfen und auch Genehmigungen eingeholt werden, um beispielsweise zu wissen wie man bauen darf und um auch den Grund überhaupt erst zum Baugrund zu machen.[5]

Wenn das Gebäude am Schluss gebaut wurde, kommen weitere Beteiligte hinzu. Dazu zählen in erster Linie die Mieter, welche in die Immobilie einziehen, damit das Projekt die erforderliche Rendite bringt. Aber auch eine Menge Dienstleister sind mit dem Projekt verbunden. Für ein Mehrfamilienhaus mit mehreren Mietern wird eine Immobilien Verwaltung benötigt, um die Versammlungen abzuhalten und Rechnungen zu stellen. Aber auch weitere Personen wie Facility Manager oder Techniker gehören dazu, um das Gebäude am Laufen zu halten. Ein wichtiger Part in diesem Projekt über nimmt noch der Gärtner. Da hier verstärkt Pflanzen vorhanden sind und auch Rankenpflanzen am Gebäude wachsen, verlangen diese stetig Pflege und müssen oft geschnitten werden. Dabei spielen diese im Gegensatz zu anderen Gebäuden eine wesentlich wichtigere Rolle und sind entscheidend, damit dieses Projekt funktioniert.

6. Developmentrechnung/ Rendite

Variante B: Vermietung der Wohnanlage

Mit folgenden Annahmen zur Vermietung:

19 €	je qm monatlich Mieteinnahme
100 €	je Garagenplatz monatliche Miete
10%	Bewirtschaftungskosten
2%	Mietausfallwagnis

Vervielfältiger = 13,80 bei Restnutzungsdauer 50 Jahre und Zinssatz 7 %

	Erträge:			
	840 qm x 19 €/qm	=	15.960	€
	12 Garagenplätze x 100 €	=	1.200	€
		=	**17.160**	**€**
x	12 Monate = Jahresmietertrag (Rohertrag)	=	205.920	€
./.	Bewirtschaftungskosten 10%	=	20.592	€
./.	Mietausfallwagnis 2%	=	4.118	€
=	jährlicher Miet-Gebäudeertrag (=Gebäudereinertrag)	=	**181.210**	**€**
x	Vervielfältiger 13,80	=	2.500.692	€
./.	Baukosten ohne Grundstück	=	2.334.000	€
=	**Rendite (I)**	=	**166.692**	**€**

---

[5] Vgl. Held, Torsten, 2010, S. 97.

Das gesamte Immobilien Projekt würde nichts nutzen, wenn es keinen Gewinn abwerfen würde. Möglichkeiten bestehen im darauffolgenden Verkauf oder in der Vermietung. Wie bereits erwähnt soll diese Immobilie der Vermietung dienen und so regelmäßig Erträge erzielen. Um eine lohnende Rendite aufzubauen, müssen natürlich viele Faktoren berücksichtigt werden. Angefangen bei der Kapital Rechnung, welche zuvor bereits erläutert wurde und vorgibt, wie viel investiert werden muss. Um nun den Verlust auszugleichen und noch Gewinn zu generieren müssen die Mieten und Bewirtschaftungskosten dementsprechend stimmen und angepasst werden. Mieten sind in München, sowie in dessen Umgebung von Grund auf hoch und steigen stetig, wodurch hier auch ein hoher Mietbetrag angesetzt werden kann. Hinzu kommen Faktoren wie die gute Lage mit Verkehrsanbindungen und die Nähe zur Stadt. Trotzdem ist es ruhig und eine angenehme Umgebung. Hinzu kommt das es sich um einen nachhaltigen Neubau handelt, mit relativ großen Wohnungen an einem begehrten Standort.

Anm. der Red.: Diese Abb. wurde aus urheberrechtlichen Gründen entfernt.

Um zu vergleichen wie hoch sich die Mieten entwickelt haben, muss man nur auf die letzten Jahre blicken. Seit 2016 hat sich der durchschnittliche Mietpreis um 16 Prozent gesteigert, wobei bei den Kaufpreisen dieser sogar um 52 Prozent gestiegen ist. Bei den Entwicklungen ist ebenso eine Wellenform zu erkennen. Ungefähr alle sieben Jahre steigen oder sinken die Preise, wobei trotzdem nicht mehr mit Preisen unter 10 Euro pro Quadratmeter zu rechnen ist. Am teuersten und seltensten bleiben die Preise in der Stadt München, aber auch im Umland können diese sehr teuer werden und je nach Lage stark schwanken. Allgemein gilt, je näher an der Stadt desto höher die Preise. Zusätzliche zählen Verkehrsanbindungen so wie die Umgebung. Zum Vergleich, auch wenn man sich weiter weg von der Stadt bewegt, kann der Preis, aufgrund von beispielsweise einem See und der dementsprechend guten Umgebung wie beim Tegernsee, schnell auch wieder teurer werden. Im München Umland kostet die durchschnittliche

Neuvermietung 18,25€ je Quadratmeter, wobei unser Immobilien Projekt noch in diesem Bereich liegt.[6]

Zur Berechnung werden also all diese Faktoren hinzugezogen um einen Mietpreis zu bestimmen. Bei 10 Prozent Bewirtschaftungskosten und 2 Prozent Mietausfallzins wird hier ein Wert von 19€ je Quadratmeter angegeben. Dies wird bei einem Vervielfältiger von 13,8 und einer Restnutzungsdauer von 50 Jahren mit einem Zinssatz von 7 Prozent gerechnet. Bei einer Nutzfläche von 840 Quadratmeter multipliziert mit den 19€, ergeben sich 15.960€. Hinzu kommen noch die Garagen Stellplätze, welche für 100€ pro Platz vermietet werden. Nach Berechnung ergibt sich ein Rohertrag von 205.920€ innerhalb von 12 Monaten. Mit Abzug des Mitausfallwagnis Zinses und den Bewirtschaftungskosten ergeben sich noch 181.210€. Nach dem zuvor genannten Vervielfältiger und dem Zinssatz, sowie der Restnutzungsdauer, entsteht so eine Rendite von 166.692€. Diese Berechnung ist hier natürlich noch vereinfacht und beinhaltet nicht alle Kosten, jedoch kann sie schonmal eine ungefähre Vorstellung geben, ob sich das Projekt lohnt oder nicht.

Nach den Kosten und der Rendite lässt sich sagen, dass es auf jeden Fall gewinnbringend ist und mit Hinblick auf die Nachhaltigkeit und zukunftsorientierten Bauweise, ein Projekt ist, was in Zukunft verstärkt in Betracht bezogen werden sollte. Für die Mieter selbst ist es ein relativer hoher Preis der zu zahlen ist, jedoch erhalten sie neben einer tollen Lage eine hervorragende große Wohnung im Neubau und helfen somit in Zukunft Nachhaltige Gebäude voranzutreiben.

7. Fazit/ Nächste Schritte

8. Abbildung 10: Nächste Schritte

---

[6] Vgl. Ince, 2021.

- Baugenehmigung holen
- Gebäude genau planen
- Finanzierung sicher stellen
- Bauunternehmen beauftragen
- Dienstleister suchen
- Mieter finden

In letzten Schritt nachdem Standort, die Idee und der Kapital Bedarf feststeht, kann das Projekt starten. In den nächsten Schritten müsste nun noch eine Genehmigung zum Bau der Immobilie eingeholt werden. Dies kann sich je nach Fall über eine längere Zeit hinauszögern, ist jedoch notwendig um überhaupt bauen zu dürfen. Nach Erlaubnis muss das Gebäude durch Architekten und Ingenieure bis ins Detail geplant werden, um dies zu bauen. Hier muss natürlich auch nach einem Bauunternehmen gesucht werden, damit das Gebäude überhaupt auf die Beine gestellt werden kann. Wenn nun der Bau begonnen hat oder auch schon dem Ende zu geht, müssen noch sämtliche Dienstleister, wie die bereits erwähnten Gärtner, Techniker oder auch Facility Manager gesucht werden. Ohne sie würde nach der Fertigstellung das Projekt nicht funktionieren. Im letzten Schritt müssen die Wohnungen noch vermarktet werden. Durch Makler oder auch im eignen Vorhaben müssen Exposee und Werbeanzeigen angefertigt werden, sowie im darauffolgenden Schritt auch Besichtigungen durchgeführt werden.

Wenn nun alle Schritte vollendet sind, können die Mieter einziehen und nach langer Phase auch Rendite erzielt werden. Letztendlich sind es viele kleine Schritte um ein Immobilien Projekt zu verwirklichen. Wenn jedoch einer der drei Aspekte von Standort, kapital oder Idee feststeht kann ein derartiges Projekt verwirklicht werden und sich lohnen. Jedoch sollte immer alles perfekt geplant sein und sichergestellt werden, dass Aufwände mit Erträgen gedeckt werden und der Prozess so unproblematisch verlaufen kann.

1. Quellen

BNP Paribas Real Estate (2021): GREEN BUILDINGS: NACHHALTIGES BAUEN IN DEUTSCHLAND AUF DEM VORMARSCH. Online: https://www.realestate.bnpparibas.de/blog/trends/green-buildings-nachhaltiges-bauen-auf-dem-vormarsch (Zugriff: 04.12.2021)

Breitkopf, A, Statista (2021): Statistiken zu Green Buildings, Online: https://de.statista.com/themen/2774/green-building/ (Zugriff: 13.12.2021)

Eco Building Forum (2018): WAS IST GREEN BUILDING?. Online: https://ecobuildingforum.com.br/o-que-e-green-building/ (Zugriff: 05.12.2021)

Geoportal (2021): Landeshauptstadt München. Online: https://geoportal.muenchen.de/portal/plan/?layerIDs=58769,60470 (Zugriff: 16.12.2021)

Held, Torsten, (2010): Immobilien-Projektentwicklung: Wettbewerbsvorteile Durch Strategisches Prozessmanagement (E-Book). Springer Berlin / Heidelberg, https://ebookcentral.fham.de/lib/iunworld-ebooks/detail.action?docID=510814&query=held (Zugriff: 18.12.2021)

Immoanleger (2021): Lage, Lage, Lage: Auf den Standort der Immobilie kommt es an. Online: https://www.immoanleger.de/immobilien-lage/ (Zugriff: 18.12.2021)

Ince, Hüseyin, Abendzeitung (2021): Selbst Ebersberg boomt: Miet- und Kaufpreise in München steigen weiter, Online: https://www.abendzeitung-muenchen.de/muenchen/selbst-ebersberg-boomt-miet-und-kaufpreise-in-muenchen-steigen-weiter-art-778754 (Zugriff: 15.12.2021)

Krass, Sebastian, Süddeutsche Zeitung (2019): Das grüne Haus von München, Online: https://www.sueddeutsche.de/muenchen/hochhaus-arabellapark-bepflanzte-fassaden-1.4453483 (Zugriff:13.12.2021)

Opcionis (2017): QUÉ ES UN LEASING HABITACIONAL. Online: https://opcionis.cl/blog/que-es-un-leasing-habitacional/ (Zugriff: 18.12.2021)

Vornholz, Günter, (2017): Entwicklungen und Megatrends der Immobilienwirtschaft (E- Book). Walter de Gruyter GmbH, https://ebookcentral.fham.de/lib/iunworld-ebooks/detail.action?docID=4947072&query=Entwicklungen+und+Megatrends+der+Immobilienwirtschaft (Zugriff: 16.12.2021)